序

U0044973

AI 人工智慧時代來臨，需選用正確工具，才能迎向新的機會與挑戰，避免被機器人取代！筆者從事 AI 人工智慧內部稽核與作業風險預估相關工作多年，JCAATs 為 AI 語言 Python 所開發的新一代稽核軟體，可同時於 PC 或 MAC 環境執行，除具備傳統電腦輔助稽核工具(CAATs)的數據分析功能外，更包含許多人工智慧功能，如文字探勘、機器學習、資料爬蟲等，讓稽核分析可以更加智慧化。

透過 AI 稽核軟體 JCAATs，可分析大量資料，其開放式資料架構，可與多種資料庫、雲端資料源、不同檔案類型及 ACL 軟體介接，讓稽核資料的收集與融合更方便與快速，繁體中文與視覺化的使用者介面，讓不熟悉 Python 語言的稽核人員也可以透過此介面的簡易操作，輕鬆快速產出 Python 稽核程式，並可與廣大免費之開源 Python 程式資源整合，讓您的稽核程式具備擴充性和開放性，不再被少數軟體所限制。

本教材以運用 AI 協助 ESG 落實實踐為題，以溫室氣體盤查與碳足跡計算進行實例演練，帶領讀者了解何謂碳邊境關稅及後續發展對成本的差異與影響，透過 JCAATs- AI 稽核工具內建之 OPEN DATA 連結器，上機實例演練如何善用 OPEN DATA，將各項公告溫室氣體排放係數，透過人工智慧資料融合技術與資料分析，快速整理出乾淨與可信的內外部 ESG 資料，協助組織進行排放源鑑別分析及碳足跡計算，提升工作效果與效率。

本教材檢附完整實例練習資料，並可透過申請取得 AI 稽核軟體 JCAATs 教育版，充分體驗如何運用 AI 人工智慧協助 ESG 之落實實踐，歡迎會計師、內外部稽核人員、永續報告書專責人員、管理階層、大專院校師生及對 ESG 落實實踐有興趣深入了解者，共同學習與交流。

JACKSOFT 傑克商業自動化股份有限公司
黃秀鳳總經理
2022/12/12

電腦稽核專業人員十誡

　　ICAEA 所訂的電腦稽核專業人員的倫理規範與實務守則，以實務應用與簡易了解為準則，一般又稱為『電腦稽核專業人員十誡』。 其十項實務原則說明如下：

1. 願意承擔自己的電腦稽核工作的全部責任。

2. 對專業工作上所獲得的任何機密資訊應要確保其隱私與保密。

3. 對進行中或未來即將進行的電腦稽核工作應要確保自己具備有足夠的專業資格。

4. 對進行中或未來即將進行的電腦稽核工作應要確保自己使用專業適當的方法在進行。

5. 對所開發完成或修改的電腦稽核程式應要盡可能的符合最高的專業開發標準。

6. 應要確保自己專業判斷的完整性和獨立性。

7. 禁止進行或協助任何貪腐、賄賂或其他不正當財務欺騙性行為。

8. 應積極參與終身學習來發展自己的電腦稽核專業能力。

9. 應協助相關稽核小組成員的電腦稽核專業發展，以使整個團隊可以產生更佳的稽核效果與效率。

10. 應對社會大眾宣揚電腦稽核專業的價值與對公眾的利益。

目錄

實務個案演練
運用AI協助ESG實踐
-以溫室氣體盤查與碳足跡計算為例

Copyright © 2023 JACKSOFT.

傑克商業自動化股份有限公司

JACKSOFT為經濟部能量登錄電腦稽核與GRC(治理、風險管理與法規遵循)專業輔導機構，服務品質有保障

國際電腦稽核教育協會認證課程

JCAATs-AI Audit Software   Copyright © 2023 JACKSOFT.

歐洲大客戶7天4封追殺令「不減碳就砍單」台灣沒本錢躺平

06:00 2022/11/19 中時新聞網 編譯、郭○欣 文、今周刊 今周刊編輯團隊

(圖/今周刊提供)

新北市汐止區的大同路旁，頂樓加蓋的鐵皮屋隨處可見，一棟棟紅磚瓦牆的中古公寓成排並列；走上階梯，機器俐落的裁切聲響由遠而近，一家專注於加工製造的台灣典型中小企業畫面浮現眼前。

它，是資本額僅6千萬新台幣、員工數不到200人，主營各類線材研發與製造的新○工業。

時間，回到今年6月24日。

當日一早，新○的多位主管們點開公司電子郵件信箱，發現一封出乎意料的信函。這封主旨為「碳減排計畫」的信函，「寄件人」欄目顯示的名稱讓主管們不敢輕忽——是新○歐洲客戶的在台分公司。

信件中，客戶寫道：「集團
幾年就有新的路線圖。集團
關，我們要求您發送一些信
錄。」

從9月中到23日的短短一周
催促新◯加速完成「碳盤查

新◯盡可能一一回應客戶要
作夥伴，可以響應2030減◯
50％，範疇三減少15％，◯

「我們很難達成這個（減少
向本刊表示，目前新呈能◯

但客戶施予的壓力並未減緩
『指示』，未來，只要沒使
考慮減少下單、甚至不再下
「好在，這家客戶認為，◯

資料來源：
https://www.chinatimes.c
om/realtimenews/202211
19000005-
260410?ctrack=mo_main_
headl_p02&chdtv

「淨零轉型」，或所謂的「碳中和」，是近年資本市場討論熱度相當高的詞彙，近兩年，蘋果、微軟、Google等指標國際企業，接續喊出達成淨零的目標年度。但，大廠要推動減碳，最終勢必會牽動到整個上下游供應鏈，3個月內收到8封歐洲客戶警告信的新呈恐非單一特例。

面對大廠來勢洶洶的淨零壓力，台灣的中小企業準備好了嗎？

今年9~10月間，《今周刊》與全國中小企業總會、開發金控合作，針對國內中小企業進行減碳議題調查，從最終收到的近300份有效問卷中可發現，中小企業固然多半感受到壓力罩頂，但更大的麻煩是減碳之路困難重重。

面對國際減碳法規壓力，為了加速企業減排腳步，日前政府已確立了「碳費先行」政策。而當本刊詢問若未來被課徵碳費，是否擔心將衝擊事業發展？高達7成的中小企業表示「擔心」。

在具體行動層面上，當問及業者各自在推動淨零轉型上已有的相關作為時，回答「還沒有相關作為」的比重近4成，顯示台灣中小企業儘管普遍憂慮國際壓力、未來碳費上路的衝擊，但在具體行動上仍顯消極。

「再等下去，我們就沒有競爭力了。」國際指標碳盤查認證機構、英國標準協會（BSI）東北亞區總經理蒲樹盛觀察，考量到台灣的「電力排碳係數」遠高於多數先進國家，甚至跟中國不相上下，這代表什麼？「你必須省更多電，才能達到跟其他國家一樣的減排效果！」言下之意，在淨零的「立足點」不平等之下，台灣的中小企業根本沒有「躺平」的本錢。

CBAM碳邊境調整機制

歐盟提出「碳邊境調整機制」Carbon Border Adjustment Mechanism, CBAM (碳關稅)，2023年開始，將針對未來出口歐盟的高耗能產品收取碳關稅，2026年全面生效。

CBAM 第一階段實施的產業	水泥 溫室氣體 CO2	化肥 溫室氣體 CO2,N2O	鋁製 溫室氣體 CO2,PFC	鋼鐵 溫室氣體 CO2	電力 溫室氣體 CO2

2023　　試行期間　　**2025**　　**2026** 正式實施

- 落實每年4次「資訊申報業務」，填報產品碳含量與數量
- 在試行階段歐盟將會提出實施細則，並規範碳含量計算方式、原產國碳價的抵扣計算方式等
- 此階段，尚不需要購買CBAM憑證

- 正式進行CBAM申報、產品碳含量計算、驗證、繳納碳價申報、CBAM憑證銷售、定價、繳回、回購、註銷、減免等事宜

參考資料來源: 2022.11.10 臺灣研發管理經理人協會年度研討會，中國生產力中心，陳O賓。

國際碳成本與供應鏈壓力

歐盟－碳邊境調整機制(CBAM)

美國－清潔競爭法案(CCA)

歐洲議會表決通過CBAM機制立場
規劃2027年徵收碳關稅

碳成本

參議院議員提交草案予財政委員會
內文初擬2024年徵收碳關稅

! 金屬產業由上而下受到國際碳稅成本增加
由下而上受到品牌產業鏈客戶減碳要求 !

客戶要求

消費電子產業　　汽車產業　　　　　家具產業　　家電產業

跨產業別各大品牌廠商宣布2050淨零目標

參考資料來源: 2022.11.10 臺灣研發管理經理人協會年度研討會・金屬工業研究發展中心・林O隆。

5

歐盟每噸碳稅價格預測

CARBON CREDITS.com　CARBON PRICES　STOCKS　NEWS ⌄　EDUCATION ⌄　FEATURI

Home > Carbon Credits > Left Unchecked - The Carbon Price Goes to Infinity

January 21, 2022

Left Unchecked – The Carbon Price Goes to Infinity

任其發展——碳價格趨於無窮大

By Carbon Credits

*現在價格為83歐元/每噸

Buy 12 Jan 2018 at €8/t

Potential range — Current price €/t
Prior carbon price forecast €/t — Carbon price forecast €/t

資料來源: 2022.11.21 https://carboncredits.com/eu-ets-carbon/

6

Copyright © 2023 JACKSOFT.

台灣的電力排碳係數高，成為企業國際競爭的另一劣勢。圖

每度電排碳502克 電太灰 台企開跑就輸了

2022-04-22　願景工程／蘇○誠、周○靜

面對2050淨零碳排的趨勢，全球企業都像加入限時賽，趕不上法規或供應鏈要求就淘汰。台灣許多中小企業連第一步「碳盤查」都沒做，要如何迎戰這場生存遊戲？

願景工程基金會與經濟日報共同製作「減碳限時賽」專題報導，剖析產業現況及實戰指引，陪伴產業走過轉型陣痛期。

中小企業買不到綠電，只能繼續使用灰電。不過，台灣的「電力排碳係數」高，成為企業國際競爭的另一劣勢。台灣綜合研究院副院長李○明說，「未來碳排都會反映在成本，我們現在是輸在起跑點。」

「電力排碳係數」指台電每發一度電所產生的碳排量。排碳係數高，代表發電結構中，火力發電等高碳能源的比例較高。

目前台灣的排碳係數不僅高於南韓、日本及新加坡等亞洲國家，更是法國的十倍。對企業來說，發電換算出的高碳排相當不利，未來出口商品可能被課以重稅。

資料來源:
2022-04-22 願景工程 / 蘇○誠、周○靜
https://visionproject.org.tw/story/6192

7

Copyright © 2023 JACKSOFT.

各國電力排碳係數

單位：克CO2e／度

法國	51
奧地利	111
丹麥	143
英國	212
德國	339
新加坡	408
南韓	416
美國	424
泰國	442
日本	466
台灣	502
中國	537
香港	650

資料來源：Carbon Footprint (2022)、採訪整理
製表：蘇○誠、許○

李○明舉例，南韓是台灣半導體、資通訊產業的主要競爭對手；目前台灣每度電排放的二氧化碳，比南韓多出86克，在開徵「碳關稅」的市場機制下，假設每噸碳價20美元、企業一年使用100億度電，那麼台灣的出口成本將比南韓高出1,720萬美元。

歐盟、美國與日本仍在擬定碳關稅的計算方式，李○明觀察，用電排放很可能是課稅的標準之一，因此降低排碳係數是台灣當前要務，「不要在全球淨零競逐中落隊」，否則台灣企業會遭國際供應鏈無情地淘汰。

行政院曾宣稱，2020年排碳係數將降至492克CO2e／度，現況卻停留在502克CO2e／度。台灣環境規劃協會理事長趙○緯表示，主因就是再生能源發展太慢。

「再生能源缺乏社會支持，是目前比較大的瓶頸。」趙○緯說，民眾對太陽光電仍有諸多迷思，認為光電板影響景觀、還可能產生輻射，「千萬別放在我家旁邊」。他認為，對民眾的能源教育仍須持續進行；政府立即可做的就是在政策上加速綠電申設的審查流程。

政府2025年目標要將每度電的排碳降至388克，趙○緯強調，「再生能源發展不能跳票，增氣減煤的速度也不能跳票。」貿易政策與氣候政策結合已是國際趨勢，發展綠電成為企業打國際競爭賽的必要配備；未來企業沒綠電，一切生意免談。

資料來源：https://udn.com/news/story/7238/6260153

8

排碳係數高 輸在起跑點

2022-04-23 09:05 經濟日報／記者蘇○誠、周○靜／專題報導

👍讚 18　　分享　　💬分享

中小企業買不到綠電，只能繼續使用灰電。不過，台灣的「電力排碳係數」高，成為企業國際競爭的另一劣勢，本，我們現在是輸在起...

歐盟、美國與日本仍在擬定碳關稅的計算方式，李○明觀察，用電排放很可能是課稅的標準之一，因此降低排碳係數是台灣當前要務，「不要在全球淨零競逐中落隊」，否則台灣企業會遭國際供應鏈無情地淘汰。

「電力排碳係數」指台火力發電等高碳能源的...

行政院曾宣稱，2020年排碳係數將降至492克CO2e／度，現況卻停留在502克CO2e／度。台灣環境規劃協會理事長趙○緯表示，主因就是再生能源發展太慢。

目前台灣的排碳係數不業來說，發電換算出的...

「再生能源缺乏社會支持，是目前比較大的瓶頸。」趙○緯說，民眾對太陽光電仍有諸多迷思，認為光電板影響景觀、還可能產生輻射，「千萬別放在我家旁邊」。他認為，對民眾的能源教育仍須持續進行；政府立即可做的就是在政策上加速綠電申設的審查流程。

李○明舉例，南韓是台二氧化碳，比南韓多...元、企業一年使用100...

政府2025年目標要將每度電的排碳降至388克，趙○緯強調，「再生能源發展不能跳票，增氣減煤的速度也不能跳票。」貿易政策與氣候政策結合已是國際趨勢，發展綠電成為企業打國際競爭賽的必要配備；未來企業沒綠電，一切生意免談。

2022-04-23 09:05 經濟日報 / 記者 蘇O誠、周O靜 / 專題報導
https://udn.com/news/story/7238/6260153

9

CBAM邊境關稅計算說明

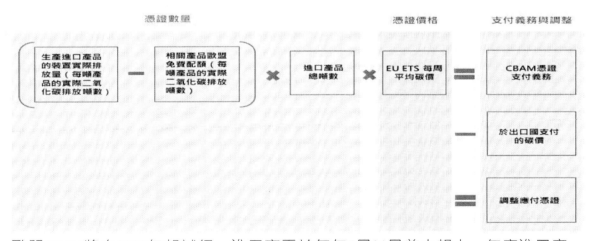

歐盟CBAM將自2023年起試行，進口商需於每年5月31日前申報上一年度進口產品的碳排放量，無須支付費用。（產品碳排放量之計算公式＝單位產品之碳含量×進口產品數量）。2026年正式實施後，進口商必須向歐盟購買「CBAM憑證」，以繳交進口產品碳排放量的費用，而CBAM憑證的價格係依據**歐盟排放交易（ETS）每週碳權拍賣的平均收盤價格計算**。

參考文獻:歐盟碳邊境機制2022 年6 月22 日歐洲議會通過修正案修訂版

10

成本差異計算--以台O電電力為例

南韓是台灣半導體、資通訊產業的主要競爭對手；
目前台灣每度電排放的二氧化碳，比南韓多出<u>86公克</u> (502-416)，
成本的差異?

■ 若歐盟開徵「碳關稅」的市場機制下，假設每噸碳價2022年為83歐元、企業一年使用如台O電160.58億度電，那麼台灣台O電的出口成本將比南韓高出 **11,462 萬歐元**，約新台幣 **36.87億元** 。

*若美國開徵「碳關稅」的市場機制下，假設**每噸碳價2022年為 20美元**、企業一年使用如台O電160.58億度電，那麼台灣台O電的出口成本將比南韓**高出2,762萬美元**，<u>約新台幣8.8億元</u>。

資料來源：https://ec.ltn.com.tw/article/paper/1499885

【金管會：163家企業明年啟動碳盤查】

金管會永續發展推動時程規劃

2023年 第一階段	資本額100億元以上上市櫃公司及鋼鐵、水泥業盤查個體公司
2025年 第二階段	• 資本額100億元以上上市櫃公司及鋼鐵、水泥業的合併報表子公司完成盤查 • 資本額50~100億元上市櫃公司盤查個體公司
2026年 第三階段	• 資本額50~100億元上市櫃公司的合併報表子公司完成盤查 • 資本額50億元以下上市櫃公司盤查個體公司
2027年 第四階段	資本額50億元以下上市櫃子公司完成盤查

資料來源：金管會　　　　　　  經濟日報

● 宣布時間：2022年1月13日由金管會宣布推動上市櫃公司永續發展路徑圖
● 揭露內容：
　範疇一與二階段目標：
1.2027年完成全體上市櫃公司之溫室氣體盤查，且盤查對象與財報範圍一致；
2.2029年，完成全體上市櫃公司之溫室氣體盤查查證，且查證對象與財報範圍一致。

資料來源：https://udn.com/news/story/7238/6032258

現代化公司治理平台

Board and C-Suite
董事會和
高階管理者

Integrated Workflow
整合工作流程

Secure Communication and Collaboration
資訊安全與
溝通協調

Modern Governance 現代化公司治理

Modern ESG	Modern Risk	Modern Compliance	Modern Audit
環境、社會及治理	風險管理	法規遵循	稽核自動化

GRC 資料分析技術

RPA 技術(Robotic Process Automation)
數據分析技術、人工智慧技術

13

ESG資料的可信性、可用性和透明度受到監理單位與關係人高度重視

監理機構、專業團體及標準制定者

監管機構、標準機構

框架和標準

投資者、客戶及其他關係人

數據和投資指標提供者

Key Questions:
- Data Availability – How do we get complete, reliable data?
- Data Management – How do we operationalize and work with the data?
- Data Transparency – How do we report our data? What does it tell us?

資料來源:https://www2.deloitte.com/content/dam/Deloitte/dk/Documents/Grabngo/ESG_Data_April2021.pdf

14

提高資訊透明度促進永續經營

具體推動措施

一、強化上市櫃公司 ESG 資訊揭露

- 參考國際準則規範Task Force on Climate related Financial Disclosures (稱TCFD) 強化永續報告書揭露設置提名委員會

  > 編製2022年報告書之上市櫃公司適用

- 參考國際準則規範 Sustainability Accounting Standards Board (稱SASB) 強化永續報告書揭露
- 擴大永續報告書編製之公司範圍

  > 2023年，擴大資本額20億以上之上市櫃公司適用

- 擴大永續報告書第三方驗證之範圍
- 修改現行企業社會責任CSR報告書之名稱為永續報告書 (Sustainability Report or ESG Report)
- 推動發布英文版永續報告書

二、提升上市櫃公司資訊揭露時效及品質

> 2022年，資本額100億以上之上市櫃公司適用；2024年，全體上市櫃公司適用

- 公布自結年度財務資訊(年度終了75日內
- 縮短年度財務報告公告申報期限(年度終了75日內)
- 推動審計品質指標

  > 2023年，資本額100億以上之上市櫃公司75日內公告

ESG 資料分析已成為企業必備項目

- **投資ESG的好處不僅可避免因違法而被罰款，且優異的ESG績效將帶動創新和優化風險管理進而提升企業收益。**

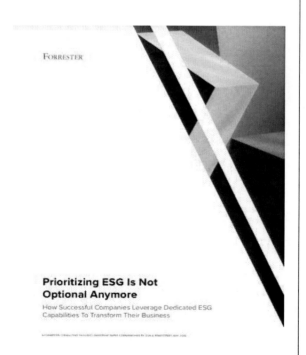

- 74%的受訪者認為找出ESG績效不足點及差異性極為重要；
- 72%的受訪者需要標準化的指標和基準；
- 71%的受訪者表示他們需要ESG數據自動化以簡化報告流程。

Forrester 2022 年ESG研究報告
https://www.dnb.com.tw/Resources?categoryId=Trend

ESG 漂綠行為

ESG調查｜ 最新調查：全球6成企業坦承「漂綠」、7成懷疑自家永續進展！

全球近6成企業高層承認漂綠，並疑企業永續作為。此為示意圖 - flicker by Christopher Glanzl

2022/09/22, 環境
「漂綠」太誇張！哈佛報告揭歐洲企業社群媒體營造環保形象「攏是假」

資料來源：https://www.thenewslens.com/article/173650

資料來源：https://esg.gvm.com.tw/article/4596

17

ESG 漂綠行為的風險與罰則

因為永續報告書資訊帶來的好處，對於資訊內容的正確性就相對重要。(2015福斯汽車柴油門事件)

How VW tried to cover up the emissions scandal

By Theo Leggett
Business correspondent, BBC News

5 May 2018

VW's $14.7 billion compliance failure: Deal announced to settle U.S. civil emission claims

Richard L. Cassin　June 28, 2016　6:28 pm

German car maker Volkswagen AG and related companies agreed Tuesday to spend up to $14.7 billion to resolve federal and state civil allegations of cheating on emissions tests and lying to customers.

Volkswagen will spend up to $10.03 billion for a consumer buyback and lease termination program. The program covers nearly 500,000 model year 2009-2015 2.0 liter diesel vehicles sold or leased in the United States.

來源:BBC News　　　　　　　　　　　　來源:FCPA Blog　18

ESG時代的稽核分析工具

Structured Data Unstructured Data

An Enterprise

New Audit Data Analytic =

Data Analytic + Text Analytic + Machine Learning

Source: ICAEA 2021

Data Fusion: 需要可以快速融合異質性資料提升資料品質與可信度的能力。

19

電腦輔助稽核技術(CAATs)

– **稽核人員角度**所設計的通用稽核軟體，有別於以資訊或統計背景所開發的軟體，以資料為基礎的Critical Thinking(批判式思考)，**強調分析方法論**而非僅工具使用技巧。

– 適用不同來源與各種資料格式之檔案匯入或系統資料庫連結，其特色是強調有科學依據的抽樣、資料勾稽與比對、檔案合併、日期計算、資料轉換與分析，**快速協助找出異常**。

– 由傳統大數據分析 往 AI人工智慧智能分析發展。

C++語言開發
付費軟體
Diligent Ltd.

以VB語言開發
付費軟體
CaseWare Ltd.

以Python語言開發
免費軟體
美國楊百翰大學

JCAATs-
AI稽核軟體
--Python Based

20

JCAATs 1.0 : 2017 London, UK

21

JCAATs 3.0- 超過百家使用口碑肯定

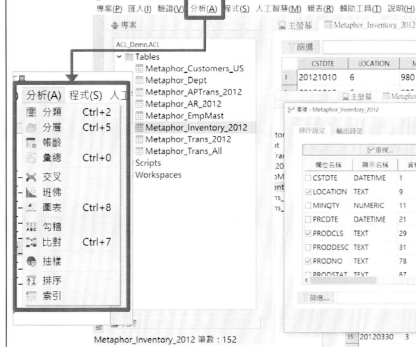

提供繁體中文與視覺化使用者介面，更多的人工智慧功能、更多的文字分析功能、更強的圖形分析顯示功能。目前JCAATs 可以讀入 ACL專案顯示在系統畫面上，進行相關稽核分析，使用最新的JACL 語言來執行，亦可以將專案存入ACL，讓原本ACL 使用這些資料表來進行稽核分析。

22

AI Audit Software
人工智慧新稽核

　　JCAATs為 AI 語言 Python 所開發新一代稽核軟體，遵循AICPA稽核資料標準，具備傳統電腦輔助稽核工具(CAATs)的數據分析功能外，更包含許多人工智慧功能，如文字探勘、機器學習、資料爬蟲等，讓稽核分析更加智慧化，提升稽核洞察力。

　　JCAATs功能強大且易於操作，可分析大量資料，開放式資料架構，可與多種資料庫、雲端資料源、不同檔案類型及 ACL 軟體介接，讓稽核資料收集與融合更方便與快速。繁體中文與視覺化使用者介面，不熟悉 Python 語言的稽核或法遵人員也可透過介面簡易操作，輕鬆產出 Python 稽核程式，並可與廣大免費之開源 Python 程式資源整合，讓稽核程式具備擴充性和開放性，不再被少數軟體所限制。

23

JCAATs 人工智慧新稽核

世界第一套可同時
於Mac與PC執行之通用稽核軟體

繁體中文與視覺化的使用者介面

Modern Tools for Modern Time

24

國際電腦稽核教育協會線上學習資源

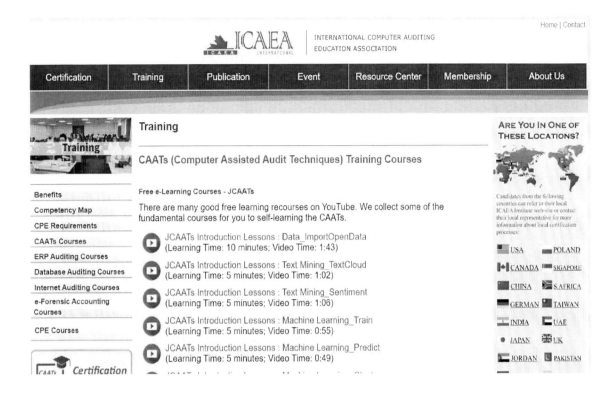

AICPA美國會計師公會稽核資料標準

JCAATs AI人工智慧功能

機器學習 & 人工智慧

| 離群分析 | 集群分析 | 學習 | 預測 | 趨勢分析 |

資料融合
- 多檔案一次匯入
- ODBC資料庫介接
- OPEN DATA 爬蟲
- 雲端服務連結器
- SAP ERP

文字探勘
- 模糊比對
- 模糊重複
- 關鍵字
- 文字雲
- 情緒分析

| 視覺化分析 | 資料驗證 | 勾稽比對 | 分析性複核 | 數據分析 |

大數據分析

*JACKSOFT為經濟部技術服務能量登錄AI人工智慧技術教育訓練及內部稽核與作業風險預估專業輔導機構~

27

AI人工智慧新稽核生態系

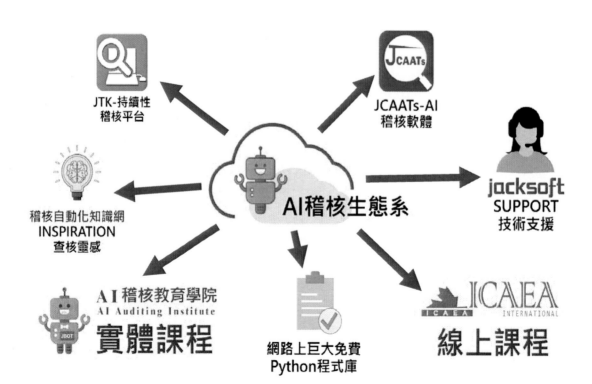

JTK-持續性稽核平台

JCAATs-AI稽核軟體

jacksoft SUPPORT 技術支援

稽核自動化知識網 INSPIRATION 查核靈感

AI稽核生態系

AI稽核教育學院 AI Auditing Institute 實體課程

網路上巨大免費 Python程式庫

ICAEA INTERNATIONAL 線上課程

28

使用Python-Based軟體優點

- 運作快速
- 簡單易學
- 開源免費
- 巨大免費程式庫
- 眾多學習資源
- 具備擴充性

29

Python

- 是一種廣泛使用的直譯式、進階和通用的程式語言。Python支援多種程式設計範式,包括函數式、指令式、結構化、物件導向和反射式程式。它擁有動態型別系統和垃圾回收功能,能夠自動管理記憶體使用,並且其本身擁有一個巨大而廣泛的標準庫。

- Python 語言由Python 軟體基金會 (Python Software Foundation) 所開發與維護,使用OSI-approved open source license 開放程式碼授權,因此可以免費使用

- https://www.python.org/

30

Python

- 美國 Top 10 Computer Science (電腦科學)系所中便有 8 所採用 Python 作為入門語言。
- 通用型的程式語言
- 相較於其他程式語言，可閱讀性較高，也較為簡潔
- 發展已經一段時間，資源豐富
  - 很多程式設計者提供了自行開發的 library (函式庫)，絕大部分都是開放原始碼，使得 Python 快速發展並廣泛使用在各個領域內。
  - **各種已經寫好的機器學習範本程式很多**
  - 許多資訊人或資料科學家使用，有問題也較好尋求答案

JCAATs特點--智慧化海量資料融合

- JCAATS 具備有人工智慧自動偵測資料檔案編碼的能力，讓你可以輕鬆地匯入不同語言的檔案，而不再為電腦技術性編碼問題而煩惱。

- 除傳統資料類型檔案外，JCAATS可以**整批匯入**雲端時代常見的PDF、ODS、JSON、XML等檔類型資料，並可以輕鬆和 ACL 軟體交互分享資料。

JCAATs特點--人工智慧文字探勘功能

- 提供可以自訂專業字典、停用詞與情緒詞的功能，讓您可以依不同的查核目標來自訂詞庫組，增加分析的準確性，**快速又方便的達到文字智能探勘稽核的目標。**

- 包含多種文字探勘模式如**關鍵字、文字雲、情緒分析**、模糊重複、模糊比對等，透過文字斷詞技術、文字接近度、TF-IDF 技術，可對多種不同語言進行文本探勘。

33

智能稽核專案步驟與程序

➢ 可透過JCAATs AI稽核軟體，有效完成專案，包含以下六個階段：

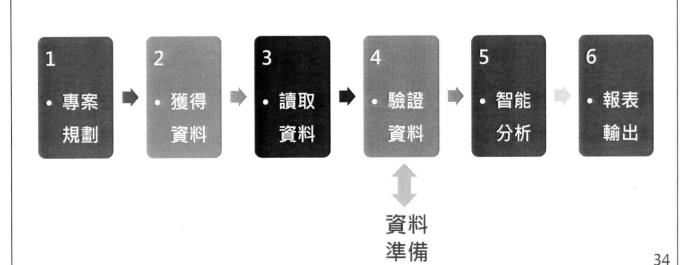

34

指令說明—EXTRACT

在系統中，可由使用中資料表將已選取的欄位或記錄萃取出產生新的資料表，因此可獨立出作業所需的資料欄位或記錄，允許查核人員快速的進一步處理、分析萃取出的子資料表(sub-set)。

另外在萃取中允許對資料進行淨化的作業，讓資料可以更精準地達到分析的目的。

35

函式說明 — .pad()

在系統中，若需要依相同欄位下筆空值資料轉存為上筆有值的資料，便可使用.pad( )函式完成，它允許查核人員快速的於大量資料中，依同上筆資料值的規則進行補Nan的欄位值，完成所需的資料值的記錄。

Field.pad ( )

Vendor No	Vendor Name	Amount
10001	ABC	100
10001		400
10001		500
10002	XYZ	200
10003	TUV	300

Vendor No	Vendor Name	New Name	Amount
10001	ABC	ABC	100
10001		ABC	400
10001		ABC	500
10002	XYZ	XYZ	200
10003	TUV	TUV	300

VendorName.pad( )

36

函式說明 — @find(col,val)

在系統中，若需要比對資料值是否包含，便可使用@find(col,val)函式完成，允許查核人員快速的於大量資料中，比對找出包含所需的資料值的記錄，故可應用於找出符合關鍵字的相關資料。

@find(City, "New York")

JCAATs 比對(Join)指令功能

	JCAATs	
1	Matched Primary with the first Secondary	
2	Matched All Primary with the first Secondary	
3	Matched All Secondary with the first Primary	
4	Matched All Primary and Secondary with the first	
5	Unmatch Primary	
6	Many to Many	

比對 (Join)指令使用步驟

1. 決定比對之目的
2. 辨別比對兩個檔案資料表，主表與次表
3. 要比對檔案資料須屬於同一個JCAATS專案中。
4. 兩個檔案中需有共同特徵欄位/鍵值欄位
   (例如：員工編號、身份證號)。
5. 特徵欄位中的資料型態、長度需要一致。
6. 選擇比對(Join)類別:
   A. Matched **Primary with the first Secondary**
   B. Matched All Primary **with the first Secondary**
   C. Matched All Secondary **with the first Primary**
   D. Matched All Primary and Secondary **with the first**
   E. Unmatched **Primary**
   F. Many to Many

39

比對(Join)的六種分析模式

➢ 狀況一：保留對應成功的主表與次表之第一筆資料。
　　　　　(Matched Primary with the first Secondary)

➢ 狀況二：保留主表中所有資料與對應成功次表之第一筆資料。
　　　　　(Matched All Primary with the first Secondary)

➢ 狀況三：保留次表中所有資料與對應成功主表之第一筆資料。
　　　　　(Matched All Secondary with the first Primary)

➢ 狀況四：保留所有對應成功與未對應成功的主表與次表資料。
　　　　　(Matched All Primary and Secondary with the first)

➢ 狀況五：保留未對應成功的主表資料。
　　　　　(Unmatched Primary)

➢ 狀況六：保留對應成功的所有主次表資料
　　　　　(Many to Many)

40

比對(Join)指令操作方法:

- 使用比對(Join)指令:
  1. 開啟比對Join對話框
  2. 選擇主表 (primary table)
  3. 選擇次表 (secondary table)
  4. 選擇主表與次表之關鍵欄位
  5. 選擇主表與次表要包括在結果資料表中之欄位
  6. 可使用篩選器(選擇性)
  7. 選擇比對(Join) 執行類型
  8. 給定比對結果資料表檔名

比對(Join)練習基本功:

薪資檔

Empno	Cheque Amount
001	$1850
002	$2200
003	$1000
003	$1000

主要檔

員工檔

Empno	Pay Per Period
001	$1850
003	$2000
004	$1975
005	$2450

次要檔

⑤ Unmatched Primary

① Matched Primary with the first Secondary

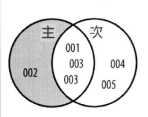

輸出檔

Empno	Cheque Amount
002	$2200

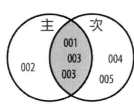

輸出檔

Empno	Cheque Amount	Pay Per Period
001	$1850	$1850
003	$1000	$2000
003	$1000	$2000

比對(Join)練習基本功:

③ Matched All Secondary with the first Primary

② Matched All Primary with the first Secondary

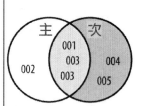

輸出檔

Empno	Cheque Amount	Pay Per Period
001	$1850	$1850
003	$1000	$2000
003	$1000	$2000
004	$0	$1975
005	$0	$2450

輸出檔

Empno	Cheque Amount	Pay Per Period
001	$1850	$1850
002	$2200	$0
003	$1000	$2000
003	$1000	$2000

43

比對(Join)練習基本功:

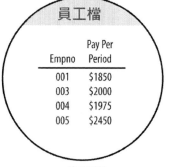

④ Matched All Primary and Secondary with the first

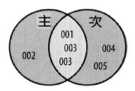

輸出檔

Empno	Cheque Amount	Pay Per Period
001	$1850	$1850
002	$2200	$0
003	$1000	$2000
003	$1000	$2000
004	$0	$1975
005	$0	$2450

44

Copyright © 2023 JACKSOFT.

比對(Join)練習基本功：

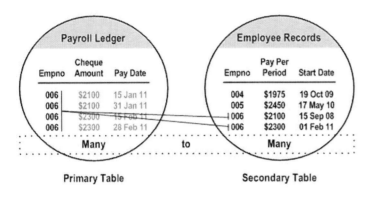

1. 找出支付單與員工檔中相同員工代號所有相符資料
2. 篩選出正確日期之資料
3. 比對支付單中實際支付與員工檔中記錄薪支是否相符

Many-to-Many

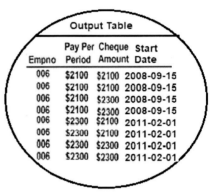

45

Copyright © 2023 JACKSOFT.

COP27- 公布最髒碳排源

資料來源：https://climatetrace.org/map

46

溫室氣體盤查三大範疇

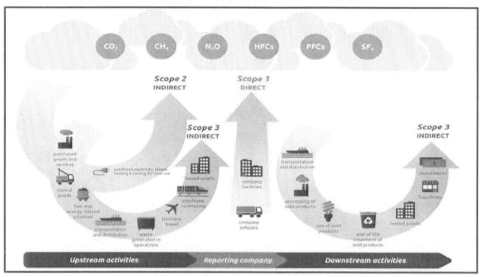

Source：WRI/WBCSD Corporate Value Chain (Scope 3) Accounting and Reporting Standard (PDF)。

• 範疇一 係指來自於製程或設施之**直接排放**；
• 範疇二 係指來自於外購電力、熱或蒸汽之能源利用**間接排放**
• 範疇三 係指非屬自有或可支配控制之排放源所產生之排放，
　　　　如因租賃、委外業務、員工通勤等造成之**其他間接排放**。
請詳:**行政院環境保護署溫室氣體盤查及登錄管理原則**

47

排放源鑑別:範疇一: 直接排放源

1.固定排放源

- 燃煤鍋爐(煤炭)
- 燃氣鍋爐(天然氣)
- 燃油鍋爐(燃料油)
- 緊急發電機(汽柴油)
- 生質能/生質燃料
- 其他(液化石油氣等)

2.移動排放源

- 汽油
- 柴油
- 壓縮天然氣
- 生質能/生質燃料

注意:
電動車的電力使用
屬於範疇二排放
(不在此計算)

3.逸散排放源

- 冷媒(空調、冷藏等)
- 製程排放(特定產業項目)
- 化糞池
- 土地使用
- 其他(VOC$_S$、廢水、滅火器等)

4.製程排放源

- 生產製程所需之維護作業產生的溫室氣體排放

(中央圖示)
A
D　範疇一　B
C

48

如何計算碳排放量

溫室氣體範疇:

● 排放量為自排放源排出之各種溫室氣體量乘以各該物質溫暖化潛勢所得之合計量,以公噸二氧化碳當量(公噸CO_2e)表示,並<u>四捨五入至小數點後第三位</u>。

項目	位數
活動數據	四捨五入至小數點<u>第4位</u>
排放係數	四捨五入至小數點<u>第10位</u>
單一排放源排放量/排放當量	四捨五入至小數點<u>第4位</u>
溫室氣體排放總量	四捨五入至小數點<u>第3位</u>

● 至少七種溫室氣體:

1. 二氧化碳(CO_2)
2. 甲烷(CH_4)
3. 氧化亞氮(N_2O)
4. 氫氟碳化物(HFCS)
5. 全氟碳化物(PFCS)
6. 六氟化硫(SF_6)
7. 三氟化氮(NF_3)

參考資料來源:溫室氣體排放量盤查登錄管理辦法及相關作業規定

49

溫室氣體排放量計算量化公式

▪ 活 動 數 據 X 排 放 係 數 X 全 球 暖 化 潛 勢

一年用多少量(重量/體積)	每一單位重量(體積)會排放何種溫室氣體多少噸重	把各類型溫室氣體都轉換成CO2

資料來源:https://e-info.org.tw/node/234103

50

1. 專案規劃

查核項目	ESG管理作業	存放檔名	溫室氣體盤查
查核目標	透過主管機關公告溫室氣體排放係數計算組織排放源的碳足跡排放量，以利檢查減碳政策是否有落實執行。		
查核說明	匯入資產盤點表資料，分析排放源與計算碳足跡排放量找出高風險碳排放項目，加強自我遵循查核，避免違法風險。		
查核程式	1. **溫室氣體排放係數OPEN DATA匯入**：到環保署公開資訊匯入溫室氣體排放係數，找出正確排放係數。(上機演練一~二) 2. **碳足跡排放量計算**：針對範疇一直接排放源之固定或移動源等進行溫室氣體量計算，分析是否有需增加控管之高風險碳排放事項。(上機演練三) 3. **碳來源設備盤查**：針對資產盤點表財產名稱進行關鍵字比對分析，快速找出溫室氣體邊界，以利後續ESG查核。(上機演練四)		
資料檔案	溫室氣體排放係數 (請詳環保署公告資料)、活動數據		
所需欄位	請詳後附件明細表		

2.獲得資料: OPEN DATA

ODS匯入資料練習:溫室氣體排放係數

行政院環境保護署
Environmental Protection Administration
Executive Yuan,R.O.C.(Taiwan)

事業溫室氣體排放量資訊平台

首頁　最新消息　相關法規　下載專區　網站導覽　English

目前位置： 首頁 > 下載專區 > 盤查登錄資訊

若有檔案下載問題，請至瀏覽器關閉快顯封鎖程式設定。謝謝。

序號	項目	更新日期	檔案下載	下載次數
1	溫室氣體排放量盤查登錄作業問答集	2022/10/21		314
2	溫室氣體排放係數管理表6.0.4版（ODS檔）	2019/06/27		13344
3	溫室氣體盤查表單3.0.0版(修)(ODS檔)	2017/07/10		7822
4	溫室氣體排放量盤查作業指引(PDF檔)	2022/05/18		5110
5	溫室氣體排放量盤查登錄審查作業指引(PDF檔)	2017/06/03		1902
6	國家溫室氣體登錄平台運算方式 第4版(PDF檔)	2014/04/16		2775
7	溫室氣體排放係數管理表之版本更新定義(PDF檔)	2012/03/23		2063

資料來源：https://ghgregistry.epa.gov.tw/ghg_rwd/Main/Tool/tool_1?Type=1

固定源及移動源排放係數資料(CO2..)

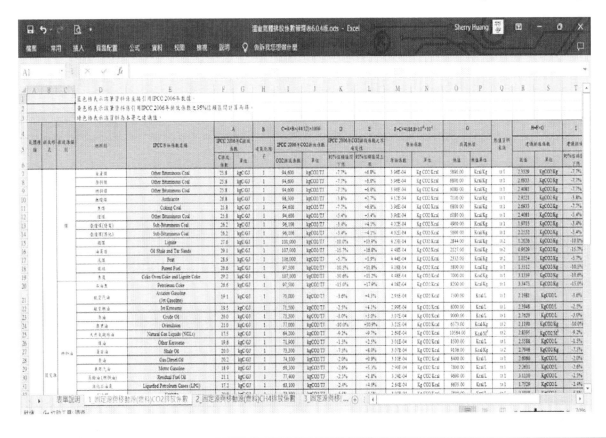

2.獲得資料:活動數據
CSV資料匯入練習:其他費用_郵電類

其他費用_油電類 – 記事本   — ☐ ✕

檔案(F) 編輯(E) 格式(O) 檢視(V) 說明

設備編號,設備名稱,排放別,發票日期,商店店名,品項名稱,數量,總金額
5680-ZQ ,中華三菱(95無鉛汽油),移動源,2021/1/4,中油公司竹北加油站,車用汽油,40,1120
5680-ZQ ,中華三菱(95無鉛汽油),移動源,2021/1/10,中油公司竹北加油站,車用汽油,40,1120
5680-ZQ ,中華三菱(95無鉛汽油),移動源,2021/1/16,中油公司竹北加油站,車用汽油,40,1120
5680-ZQ ,中華三菱(95無鉛汽油),移動源,2021/1/22,中油公司竹北加油站,車用汽油,40,1120
5680-ZQ ,中華三菱(95無鉛汽油),移動源,2021/1/28,中油公司竹北加油站,車用汽油,40,1120
5680-ZQ ,中華三菱(95無鉛汽油),移動源,2021/2/3,中油公司竹北加油站,車用汽油,40,1120
5680-ZQ ,中華三菱(95無鉛汽油),移動源,2021/2/9,中油公司竹北加油站,車用汽油,40,1120
5680-ZQ ,中華三菱(95無鉛汽油),移動源,2021/2/15,中油公司竹北加油站,車用汽油,40,1120
5680-ZQ ,中華三菱(95無鉛汽油),移動源,2021/2/21,中油公司竹北加油站,車用汽油,36,1008
5680-ZQ ,中華三菱(95無鉛汽油),移動源,2021/2/27,中油公司竹北加油站,車用汽油,37,1036
5680-ZQ ,中華三菱(95無鉛汽油),移動源,2021/3/5,中油公司竹北加油站,車用汽油,40,1120
5680-ZQ ,中華三菱(95無鉛汽油),移動源,2021/3/11,中油公司竹北加油站,車用汽油,40,1120
5680-ZQ ,中華三菱(95無鉛汽油),移動源,2021/3/17,中油公司竹北加油站,車用汽油,40,1120
5680-ZQ ,中華三菱(95無鉛汽油),移動源,2021/3/23,中油公司竹北加油站,車用汽油,40,1120
5680-ZQ ,中華三菱(95無鉛汽油),移動源,2021/3/29,中油公司竹北加油站,車用汽油,40,1120
5680-ZQ ,中華三菱(95無鉛汽油),移動源,2021/4/4,中油公司竹北加油站,車用汽油,40,1120
5680-ZQ ,中華三菱(95無鉛汽油),移動源,2021/4/10,中油公司竹北加油站,車用汽油,40,1120
5680-ZQ ,中華三菱(95無鉛汽油),移動源,2021/4/16,中油公司竹北加油站,車用汽油,40,1120
5680-ZQ ,中華三菱(95無鉛汽油),移動源,2021/4/22,中油公司竹北加油站,車用汽油,40,1120
5680-ZQ ,中華三菱(95無鉛汽油),移動源,2021/4/28,中油公司竹北加油站,車用汽油,40,1120
5680-ZQ ,中華三菱(95無鉛汽油),移動源,2021/5/4,中油公司竹北加油站,車用汽油,40,1120
5680-ZQ ,中華三菱(95無鉛汽油),移動源,2021/5/10,中油公司竹北加油站,車用汽油,40,1120
5680-ZQ ,中華三菱(95無鉛汽油),移動源,2021/5/16,中油公司竹北加油站,車用汽油,40,1120
5680-ZQ ,中華三菱(95無鉛汽油),移動源,2021/5/22,中油公司竹北加油站,車用汽油,40,1120
5680-ZQ ,中華三菱(95無鉛汽油),移動源,2021/5/28,中油公司竹北加油站,車用汽油,40,1120

第 1 列，第 1 行   100%   Windows (CRLF)   ANSI

2.獲得資料:活動數據
Excel匯入資料練習:以資產清冊為例

55

2.獲得資料:外部顧問
Excel資料練習:以碳盤查關鍵字為例

	A	B	C	D	E	
1	KEYWORD	排放型式	類型	溫室氣體排放_CO2	溫室氣體排放_CH4	溫
2	窯	固定燃燒源	類別一直接溫室氣體排放	Y	Y	Y
3	爐	固定燃燒源	類別一直接溫室氣體排放	Y	Y	Y
4	炭	固定燃燒源	類別一直接溫室氣體排放	Y	Y	Y
5	熔	固定燃燒源	類別一直接溫室氣體排放	Y	Y	Y
6	焚化	固定燃燒源	類別一直接溫室氣體排放	Y	N	N
7	融	固定燃燒源	類別一直接溫室氣體排放	Y	Y	Y
8	烘	固定燃燒源	類別一直接溫室氣體排放	Y	Y	Y
9	燃燒	固定燃燒源	類別一直接溫室氣體排放	Y	N	N
10	瓦斯	固定燃燒源	類別一直接溫室氣體排放	Y	Y	Y
11	發電機	固定燃燒源	類別一直接溫室氣體排放	Y	Y	Y
12	加熱器	固定燃燒源	類別一直接溫室氣體排放	Y	Y	Y
13	堆高機	移動燃燒源	類別一直接溫室氣體排放	Y	Y	Y
14	吊車	移動燃燒源	類別一直接溫室氣體排放	Y	Y	Y
15	公務車	移動燃燒源	類別一直接溫室氣體排放	Y	Y	Y

資料來源：Jacksoft

56

JCAATs
上機實作演練一:
OPEN DATA 資料匯入練習

Copyright © 2023 JACKSOFT.

1. 使用OPEN DATA連結器

2. 完成固定源與移動源(燃料)

   排放係數檔案匯入

57

一.新增JCAATs專案檔

1. 新建資料夾
2. 點選 JCAATs-AI稽核軟體
3. 點「專案>選新增專案」
4. 設定專案名稱: 資料匯入練習
5. 存檔

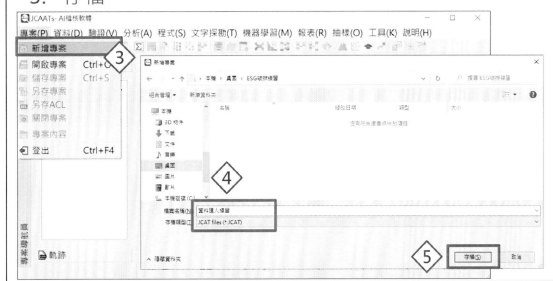

58

二.新增資料表-STEP1:資料表來源

- 點「資料>新增資料表」
- 選擇資料來源平台為「OPEN DATA 連結器」
- 選擇下一步

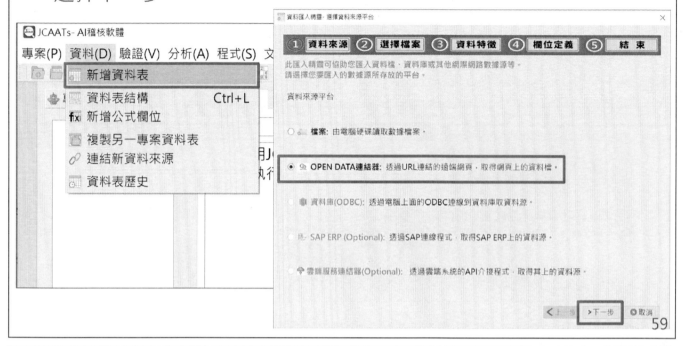

59

二.新增資料表-STEP2:選擇檔案網址

資料來源:事業溫室氣體排放量資訊平台,https://ghgregistry.epa.gov.tw/ghg_rwd/Main/Tool/tool_1?Type=1

60

二.新增資料表-STEP2:確認檔案類型

選擇試算表- CO2排放係數

二.新增資料表- STEP3:辨識資料特徵

資料特徵：**設定開始列數為3**，新內容會顯示於下方。
設定完畢後點選「下一步」

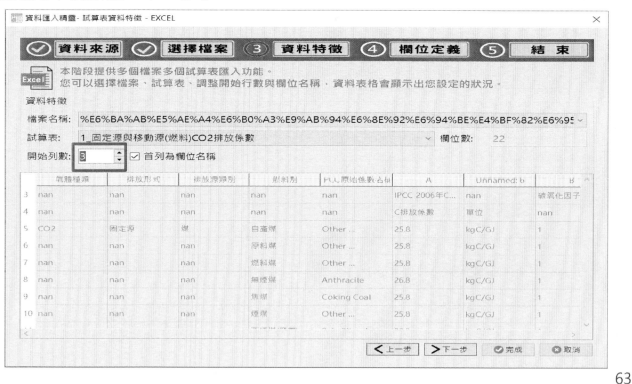

二.新增資料表-Setp4:設定欄位定義

欄位定義：可設定每個欄位的欄位名稱、顯示名稱、資料類型與資料格式。
當資料不乾淨時，建議先全部選文字資料類型，然後選擇「下一步」

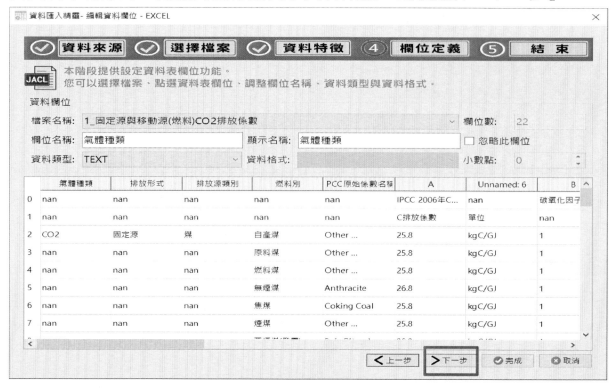

二. 新增資料表: STEP5:預覽後完成

- 修改資料名稱， 初始字不可以為數字
- 結束：確認欄位格式與型態等資訊，若沒問題選擇「完成」

65

三.OPEN DATA 檔案匯入後結果

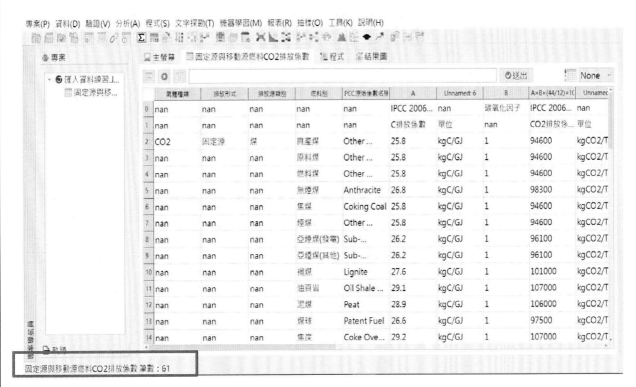

共有61筆資料

66

AI Audit Expert

JCAATs
上機實作演練二：
資料融合

Copyright © 2023 JACKSOFT.

67

Copyright © 2023 JACKSOFT.

資料融合處理步驟

STEP 1: 分析主要欄位

STEP 2: 填補主要欄位缺失值

STEP 3: 調整欄位名稱

STEP 4: 萃取主要欄位

STEP 5: 設定資料缺失值處理方式

STEP 6: 匯出新資料表

STEP 7: 設定新資料表的欄位正確資料類型

68

Step1:資料融合-分析主要欄位

分析主要欄位:檢視「排放形式」欄位,針對其資料狀況,
進行必要填補,點選上方開啟資料表格式按鍵。

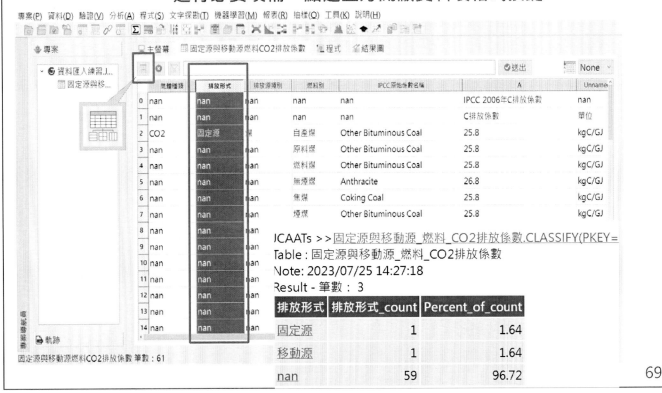

Step2:資料融合-填補主要欄位缺失值

新增計算欄位:點選F(X)按鍵,新增一個欄位名稱為「排放別」
新增計算公式: 於新增之排放別欄位下方,點選F(x)初始值按鍵

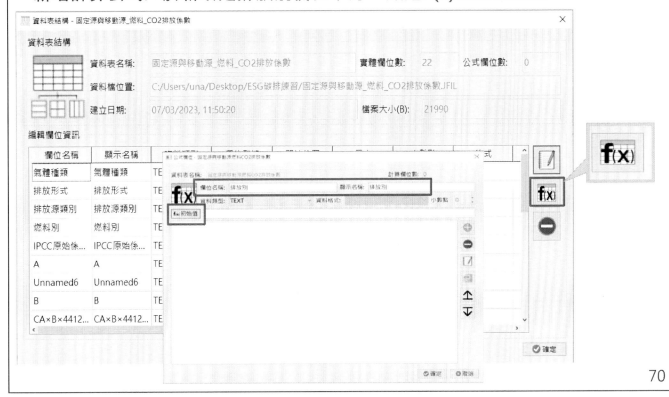

Step2:資料融合-填補主要欄位缺失值

設定條件：點選「排放形式」欄位後，於右方函式處，加上.pad()，
以利進行缺失值填補，完成後點選「語法檢查」，
確認無誤後，點選確定後完成新增公式欄位。

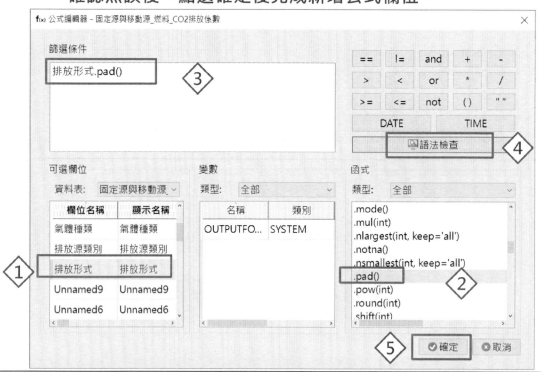

Step2:資料融合-填補主要欄位缺失值

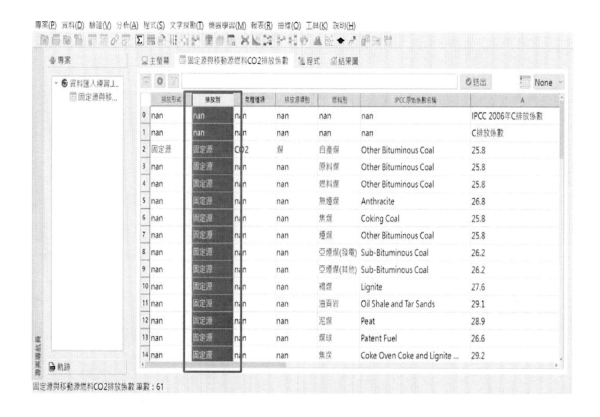

Step3:資料融合-調整欄位名稱

Step3:資料融合-調整欄位名稱

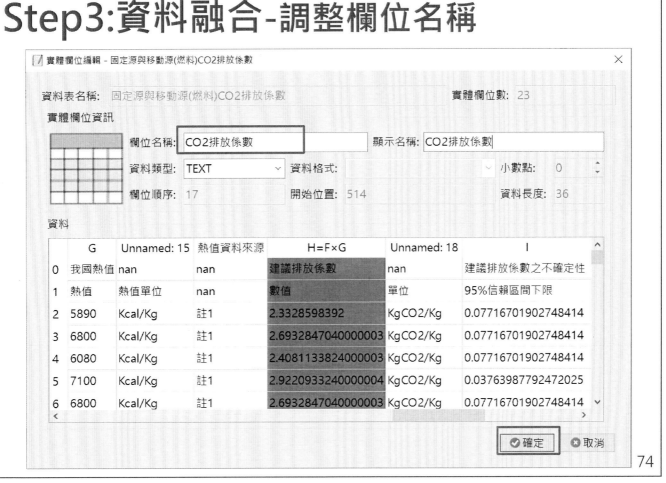

欄位名稱調整後結果

Step4: 資料融合--萃取主要欄位

點選指令選單: 報表→萃取，於條件設定中，選擇欲萃取之欄位
於輸出設定中，輸入要存檔名稱，
針對有缺漏欄位可以選擇淨化方式為捨棄後，完成設定後點選確認後完成

選擇需要的欄位

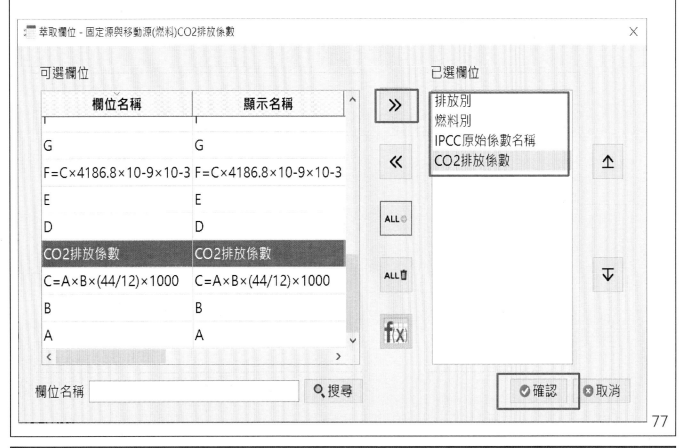

Step5: 資料融合-設定資料缺失值處理方式

Step6: 資料融合--匯出新資料表

共有55筆資料

79

Step7: 資料融合-設定新資料表欄位資料類型

80

修改欄位為數值型態，指定小數位數10

顯示修正後的資料表結構

完成CO2排放係數資料表整理

自行練習1: 產出CH4排放係數資料表

- **CH4 排放係數欄位　F= D x E**

自行練習2: 產出N2O排放係數資料表

- **N2O 排放係數欄位　F= D x E**

自行練習3:含氟氣體GWP值資料準備

- **GWP選用IPCC第五次評估報告(2013)**

JCAATs
上機實作演練三：
計算碳排放量

Copyright © 2023 JACKSOFT.

85

Copyright © 2023 JACKSOFT.

資料分析流程圖-
查核武功秘笈:碳排放量計算

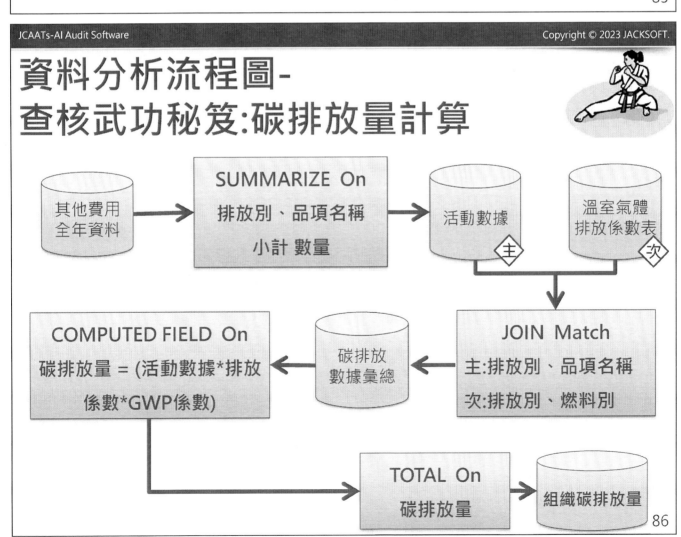

86

Step 1: 自稽核資料倉儲取得資料

1.專案->新增專案，輸入專案名稱
2.資料->複製另一專案資料表
3.選取要複製專案的路徑與資料表名稱

專案(P) 資料(D) 驗證(V) 分析(A) 程式(S)

- 新增資料表
- 資料表結構　　Ctrl+L
- fx 新增公式欄位
- 複製另一專案資料表
- 連結新資料來源
- 資料表歷史

本機 > 桌面 > 練習專案檔_溫室氣體盤查 > 稽核資料倉儲

名稱	修改日期	類型	大小
溫室氣體盤查資料倉儲.JCAT	2023/7/3 上午 11:44	JCAT 檔案	10 KB

選擇項目 - 溫室氣體盤查資料倉儲JCAT

可選項目

資料表名稱
其他費用_油電類
財產清冊
碳盤查關鍵字
溫室氣體排放係數表

已選項目
- 其他費用_油電類
- 溫室氣體排放係數表

✔確認　　✖取消

溫室氣體排放係數表

將需要資料表逐一完成連結，並確認資料筆數是否正確

專案(P) 資料(D) 驗證(V) 分析(A) 程式(S) 文字探勘(T) 機器學習(M) 報表(R) 抽樣(O) 工具(K) 說明(H)

主螢幕　溫室氣體排放係數表　程式　結果圖

專案
- 碳足跡排放量計算.JCAT
  - 其他費用_油電類
  - 溫室氣體排放係數表

	排放別	燃料別	IPCC原始係數名稱	CO2排放係數	CH4排放係數	N2O排放係數	CH4_GWP係數	N2O_G
0	固定源	一般廢棄物	Municipal Wastes	0.7792272743	0.0002549271	0.0000339903	28.00	
1	固定源	乙烷	Ethane	2.8601872992	0.0000464316	0.0000046432	28.00	
2	固定源	事業廢棄物	Industrial Wastes	nan	nan	nan	28.00	
3	固定源	亞煙煤(其他)	Sub-Bituminous Coal	2.2531682880	0.0000234461	0.0000351691	28.00	
4	固定源	亞煙煤(發電)	Sub-Bituminous Coal	1.9715222520	0.0000205153	0.0000307730	28.00	
5	固定源	其他固體生...	Other Primary Solid Biomass	nan	nan	nan	28.00	
6	固定源	其他氣態生...	Other Biogas	nan	nan	nan	28.00	
7	固定源	其他油品	Other Petroleum Products	2.7620319600	0.0001130436	0.0000226087	28.00	
8	固定源	其他液態生...	Other Liquid Biofuels	nan	nan	nan	28.00	
9	固定源	其他非化石...	Municipal Wastes (Biomass fraction)	nan	nan	nan	28.00	
10	固定源	原料煤	Other Bituminous Coal	2.6932847040	0.0000284702	0.0000427054	28.00	
11	固定源	原油	Crude Oil	2.7620319600	0.0001130436	0.0000226087	28.00	
12	固定源	無煙煤	Anthracite	2.9220933240	0.0000297263	0.0000445894	28.00	
13	固定源	焦炭	Coke Oven Coke and Lignite Coke	3.1359132000	0.0000293076	0.0000439614	28.00	
14	固定源	奧里油	Orimulsion	2.1190274028	0.0000825595	0.0000165119	28.00	

軌跡

溫室氣體排放係數表　　　筆數：55

共有55筆資料

活動數據--其他費用_油電類

共有363筆資料

89

Step2:使用 彙總(SUMMARIZE)指令

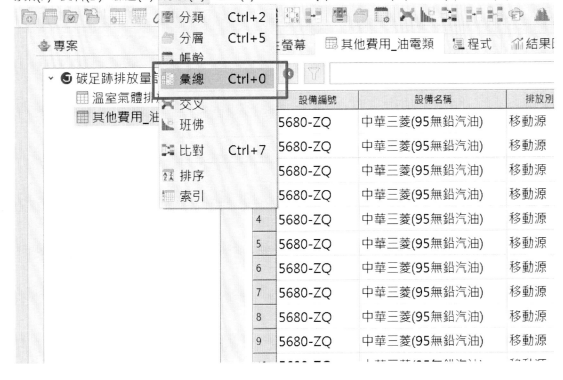

90

依排放別+品項名稱進行數量彙總

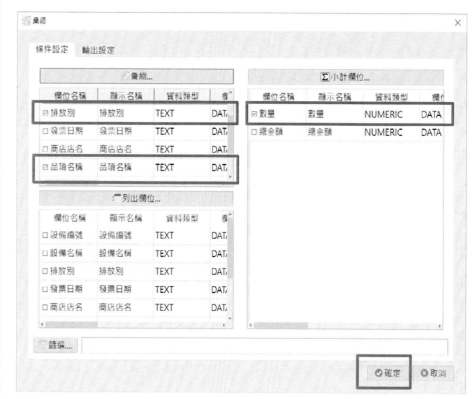

- 彙總欄位(Key):
  1.排放別
  2.品項名稱
- 小計欄位:
  數量
- 列出欄位:
  不用選擇

91

選擇彙總Key欄位輔助畫面

92

選擇小計欄位輔助畫面

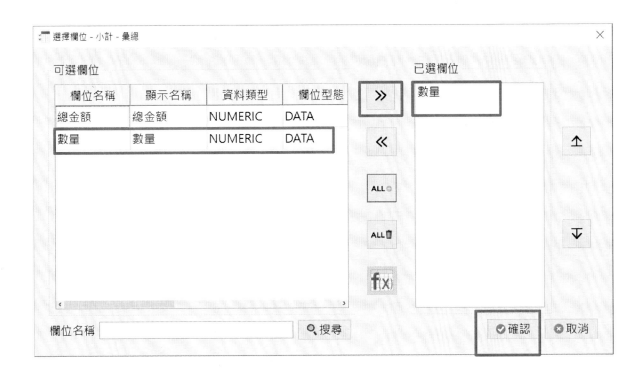

產出活動數據 資料表

碳排放活動數據

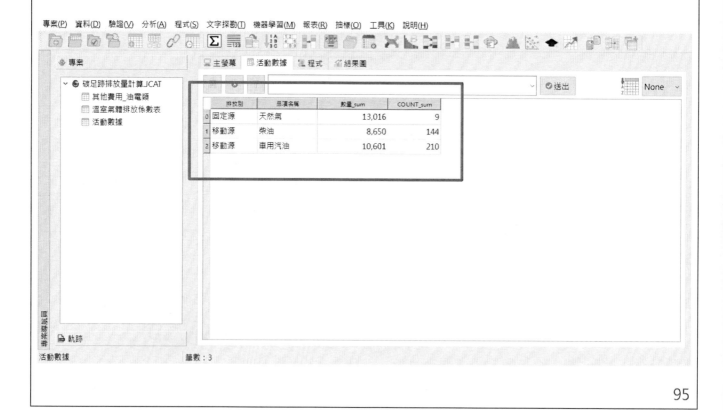

Step3:比對活動數據與溫室氣體排放係數表

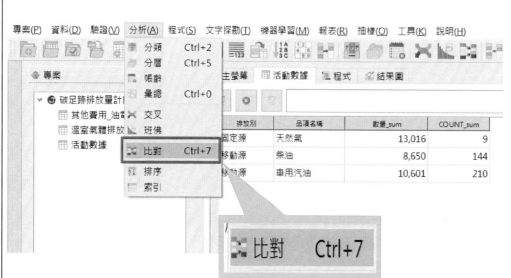

- 選取指令:
  於分析選單
  中,選取
  比對(Join)
  指令
- 選取主表:
  以活動數據
  為主表(P)

Step3:比對活動數據與溫室氣體排放係數表

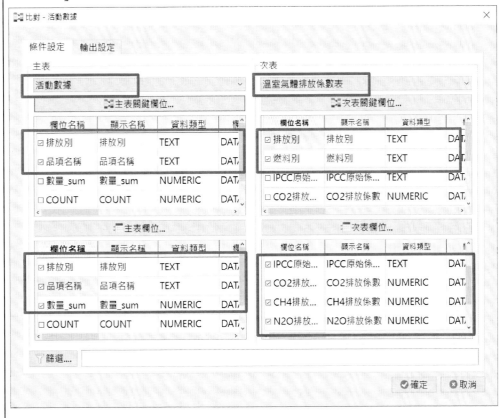

- 選取次表:
  選取次表: 溫室
  氣體排放係數表
  為次表(S)

- 主表關鍵欄位:
  選取
  1.排放別
  2.品項名稱

- 次表關鍵欄位:
  選取
  1.排放別
  2.燃料別

- 主表所需欄位:
  排放別、品項名
  稱、數量_sum

- 次表所需欄位:
  選擇所需係數

97

主表欄位選擇輔助畫面

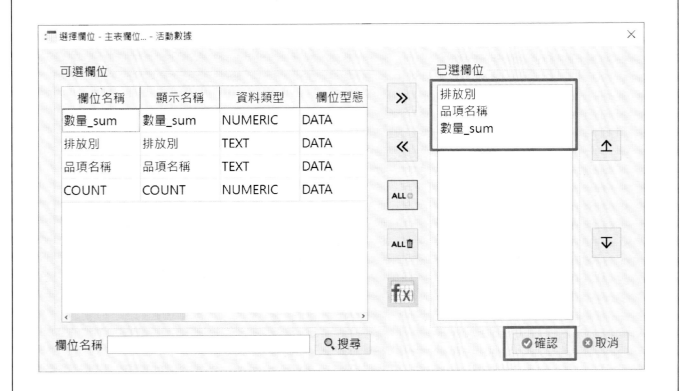

98

次表欄位選擇輔助畫面

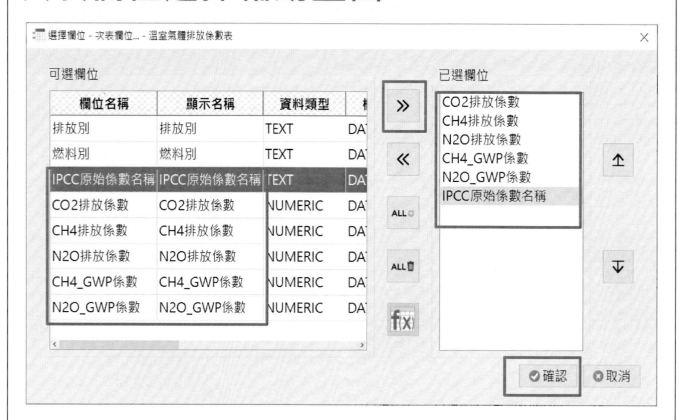

選擇比對類型，產出碳排放數據彙整

完成碳排放數據彙整資料

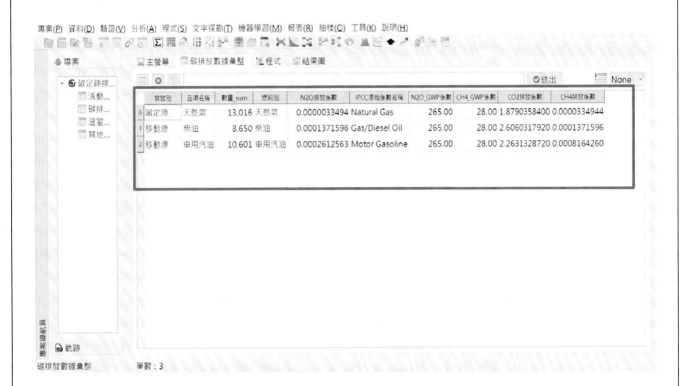

Step4: 新增碳排放量公式欄位

使用公式編輯器

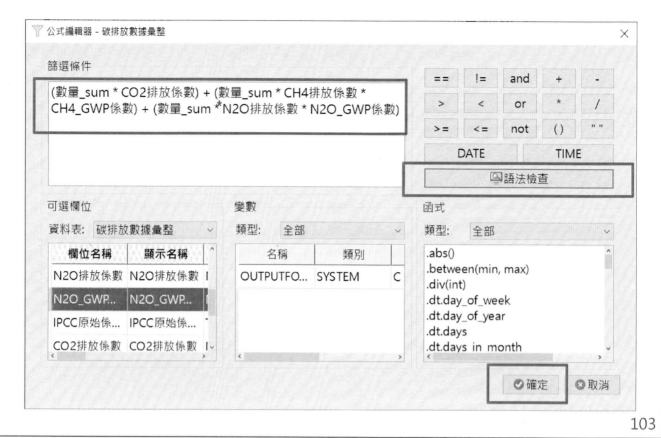

完成計算公式設定

產出碳排放量欄位

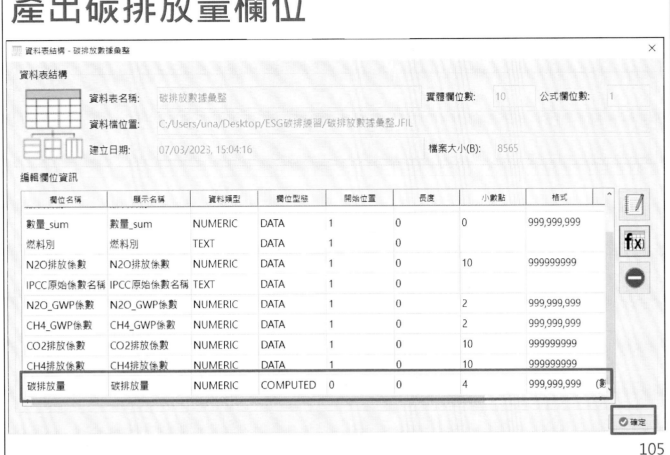

個別排放源碳排放量

專案(P)　資料(D)　驗證(V)　分析(A)　程式(S)　文字探勘(T)　機器學習(M)　報表(R)　抽樣(O)　工具(K)　說明(H)

專案
- ＠ 碳足跡排放量...
  - 其他費用_...
  - 溫室氣體排...
  - 活動數據
  - 碳排放數據...

主螢幕　碳排放數據彙整　程式　結果圖

	N2O排放係數	IPCC原始係數名稱	N2O_GWP係數	CH4_GWP係數	CO2排放係數	CH4排放係數	碳排放量
0	0.0000033494	Natural Gas	265.00	28.00	1.8790358400	0.0000033494	24,481.2903
1	0.0001371596	Gas/Diesel Oil	265.00	28.00	2.6060317920	0.0001371596	22,889.7991
2	0.0002612563	Motor Gasoline	265.00	28.00	2.2631328720	0.0008164260	24,967.7479

軌跡

碳排放數據彙整　　　　　筆數：3

Step5: 使用總和指令

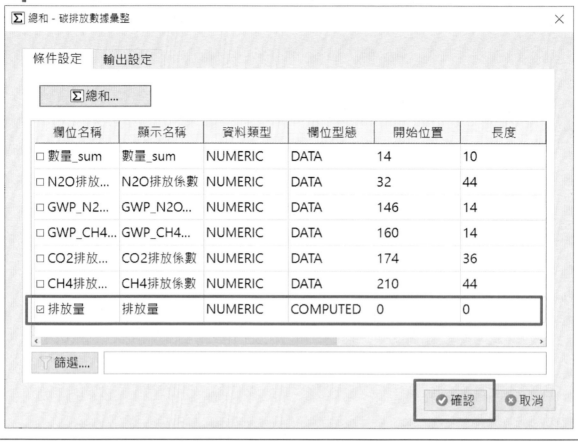

Σ 總和 - 碳排放數據彙整   ✕

條件設定   輸出設定

Σ 總和...

欄位名稱	顯示名稱	資料類型	欄位型態	開始位置	長度
☐ 數量_sum	數量_sum	NUMERIC	DATA	14	10
☐ N2O排放...	N2O排放係數	NUMERIC	DATA	32	44
☐ GWP_N2...	GWP_N2O...	NUMERIC	DATA	146	14
☐ GWP_CH4...	GWP_CH4...	NUMERIC	DATA	160	14
☐ CO2排放...	CO2排放係數	NUMERIC	DATA	174	36
☐ CH4排放...	CH4排放係數	NUMERIC	DATA	210	44
☑ 排放量	排放量	NUMERIC	COMPUTED	0	0

▽ 篩選....

⊘ 確認   ⊗ 取消

107

完成碳排放量加總計算

JCAATs >> 碳排放數據彙整.TOTAL(PKEYS = ["碳排放量"], TO="")
Table: 碳排放數據彙整
Note: 2023/07/03 15:20:46
Result - 筆數: 1

Table_Name	Field_Name	Total
碳排放數據彙整	碳排放量	72,338.8373

108

JCAATs
上機實作演練四：
碳來源設備盤查

Copyright © 2023 JACKSOFT.

碳來源設備盤查可以協助您
快速的分析組織溫室氣體邊界。

資料分析流程圖-
查核武功秘笈:碳來源設備盤查

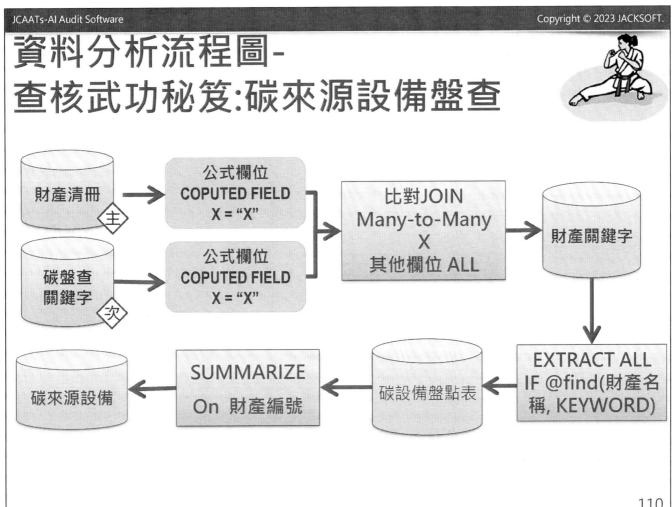

Step 1: 自稽核資料倉儲取得資料

財產清冊

共有78筆資料

碳盤查關鍵字

	KEYWORD	排放型式	類型	溫室氣體排放_CO₂	溫室氣體排放_CH₄	溫室氣體排放_N2O	溫室
0	窯	固定燃燒源	類別一直接...	Y	Y	Y	N
1	爐	固定燃燒源	類別一直接...	Y	Y	Y	N
2	炭	固定燃燒源	類別一直接...	Y	Y	Y	N
3	熔	固定燃燒源	類別一直接...	Y	Y	Y	N
4	焚化	固定燃燒源	類別一直接...	Y	N	N	N
5	融	固定燃燒源	類別一直接...	Y	Y	Y	N
6	烘	固定燃燒源	類別一直接...	Y	Y	Y	N
7	燃燒	固定燃燒源	類別一直接...	Y	N	N	N
8	瓦斯	固定燃燒源	類別一直接...	Y	Y	Y	N
9	發電機	固定燃燒源	類別一直接...	Y	Y	Y	N
10	加熱器	固定燃燒源	類別一直接...	Y	Y	Y	N
11	堆高機	移動燃燒源	類別一直接...	Y	Y	Y	N

碳盤查關鍵字　　筆數：52

共有52筆資料

113

Step 2:自財產清冊與碳盤查關鍵字 二檔案中各自新增關鍵欄位

開啟資料表結構，點選右方F(X)進行公式欄位欄位新增

欄位名稱: X　初始值： "X"

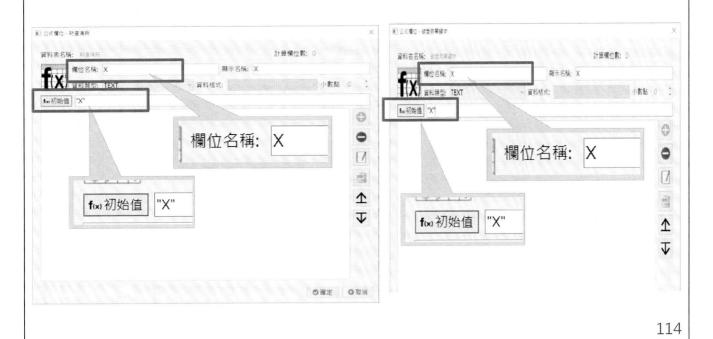

114

主表與次表完成關鍵欄位新增

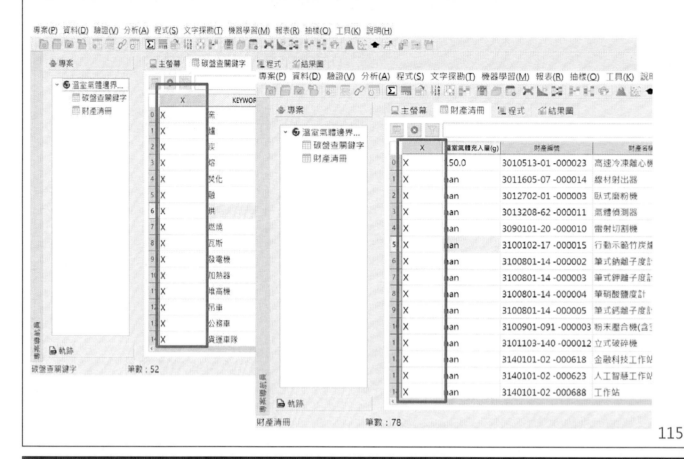

Step3:比對財產清冊與碳盤查關鍵字

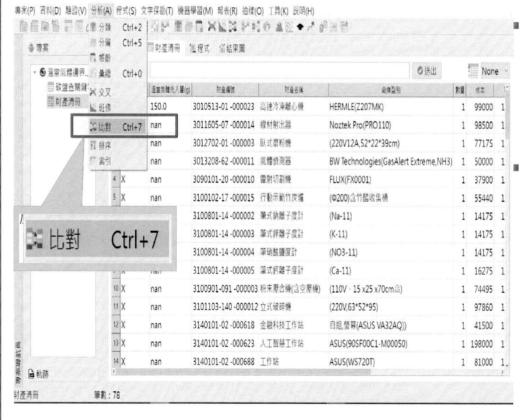

- 選取指令:
  於分析選單中,選取比對(Join)指令

- 選取主表:
  以財產清冊為主表(P)

Step3:比對財產清冊與碳盤查關鍵字

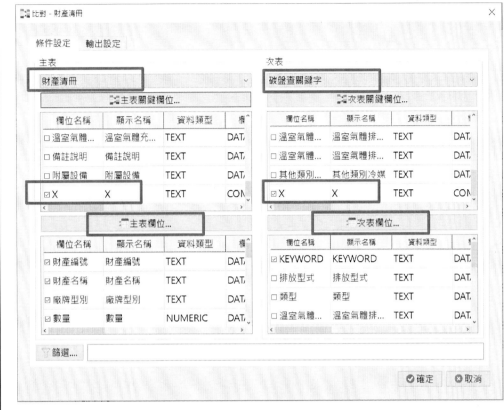

- 選取次表:
  以 碳盤查關鍵字為次表(S)

- 主表與次表關鍵欄位:
  選取 X 欄位
  (i.e. 點選 X欄位前面的框,即會顯示打勾)

- 主表所需欄位:
  列出主表所需欄位
  (X欄位不用)

- 次表所需欄位:
  KEYWORD

117

列出主表所需欄位

使用方式: 選擇全部欄位後,去除 不需要之X 欄位

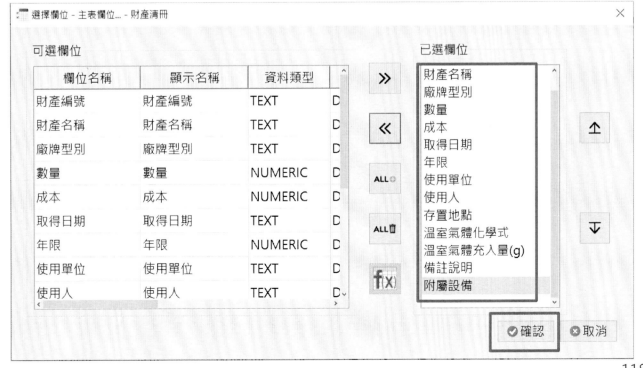

118

列出次表所需欄位

選擇比對類型，產出財產關鍵字檔

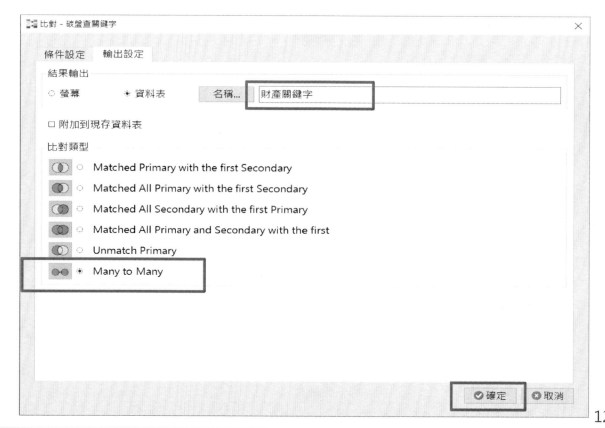

完成財產關鍵字比對結果檔

共有4,056筆資料

121

Step4:萃取符合碳盤查關鍵字財產資料

122

篩選符合碳盤查關鍵字的財產清冊

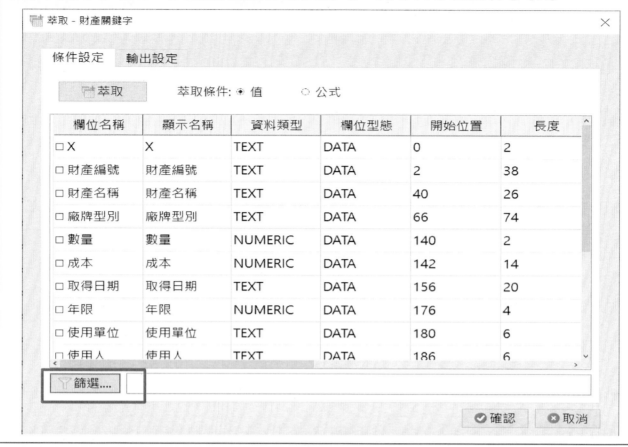

於函式處，選取@find(col,val)，並將要尋找之欄位名稱及關鍵字欄位帶入，完成後點選「語法檢查」，確認無誤後，確定完成設定

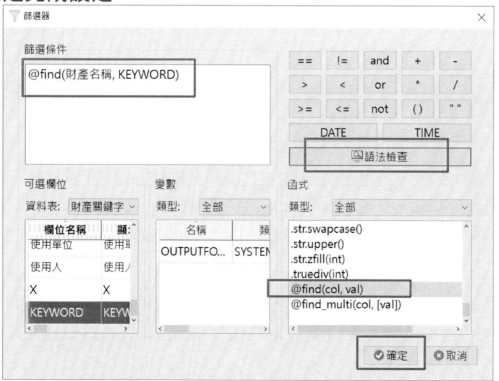

完成篩選條件後，進行萃取輸出設定

125

產出碳設備盤點表

126

碳設備盤點表產出結果

專案(P) 資料(D) 驗證(V) 分析(A) 程式(S) 文字探勘(T) 機器學習(M) 報表(R) 抽樣(Q) 工具(K) 說明(H)

◆ 專案 　　　　　　🖥主螢幕　🖽碳設備盤點表'　📃程式　📊結果圖

▾ 🌀 溫室氣體邊界盤查...
　🖽 碳盤查關鍵字
　🖽 財產清冊
　🖽 財產關鍵字
　🖽 碳設備盤點表

	X	財產編號	財產名稱	KEYWORD	廠牌型別	財產設備	
0	X	3010513-01 -000023	高速冷凍離心機	冷凍	HERMLE(Z207MK)	nan	H
1	X	2M-7946	福特小貨車(95無鉛...	貨車	95無鉛汽油	nan	n
2	X	3507-JQ	貨車(高級柴油)	貨車	高級柴油	nan	n
3	X	E5-9383	中華小貨車(92無鉛...	貨車	92無鉛汽油	nan	n
4	X	5010106-03 -006855	冷氣機	冷氣機	華菱(DT-800V)	nan	R
5	X	5010106-03 -006855	冷氣機	冷氣機	華菱(DT-800V)	nan	R
6	X	5010106-03 -006847	冷氣機	冷氣機	華菱(DT-6330V)	nan	R
7	X	5010106-03 -006847	冷氣機	冷氣機	華菱(DT-6330V)	nan	R
8	X	3140101-02 -000618	金融科技工作站	螢	自組,螢幕(ASUS VA32AQ))	nan	n
9	X	3100102-17 -000015	行動示範竹炭爐	爐	(Φ200)含竹醋收集桶	nan	n
10	X	3100102-17 -000015	行動示範竹炭爐	炭	(Φ200)含竹醋收集桶	nan	n
11	X	3100801-14 -000004	筆硝酸鹽度計	硝酸	(NO3-11)	nan	n
12	X	503110-02-000001	瓦斯爐	爐	泡茶	nan	n
13	X	503110-02-000001	瓦斯爐	瓦斯	泡茶	nan	n
14	X	O-B1001	機械窯	窯	天燃罷	nan	n

碳設備盤點表'　　筆數 : 15

共有15筆資料

127

Step5: 彙總財產編號

說明: 此步驟是要將重複選出的設備合為1筆,去除重複

128

依財產編號進行彙總

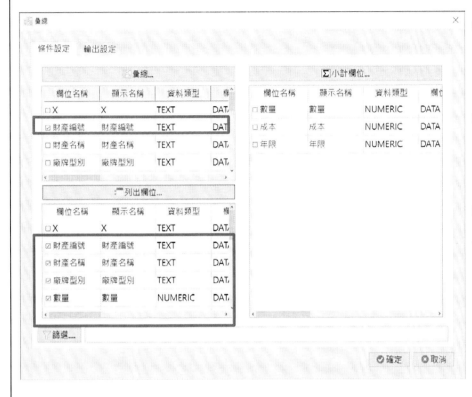

- 彙總欄位(Key):
  財產編號

- 小計欄位:
  不用選

- 列出欄位:
  勾選列出所需欄
  位,不選X

129

選取彙總欄位(Key)輔助畫面

130

設定輸出資料表名稱

完成碳來源設備盤查

共有11筆資料

稽核部門的未來發展

Touchstone Insights - Data Analytics

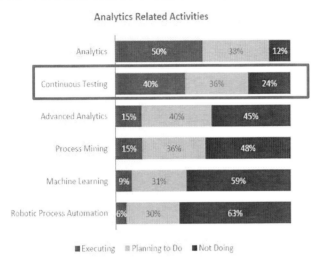

- No need
- Lack of tools
- Lack of skills

資料來源：2021 INTERNATIONAL CONFERENCE,Internal Audit Department of Tomorrow,Phil Leifermann,MBA,CIA,CISA,CFE,Shagen Ganason,CIA

133

稽核自動化程式錄製與執行

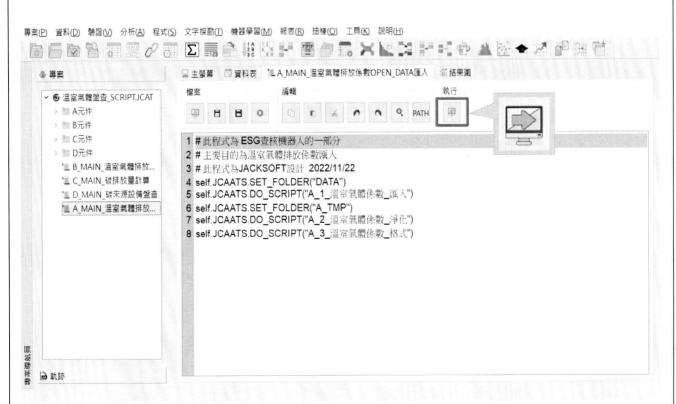

134

執行A_MAIN_XXX後結果，資料自動下載匯入

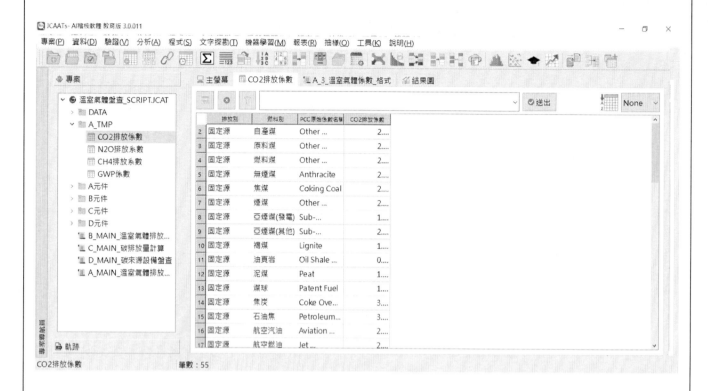

持續性稽核/監控=>提升效率

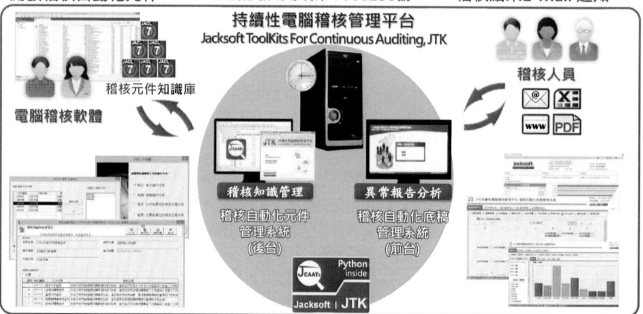

持續性稽核及持續性監控管理架構

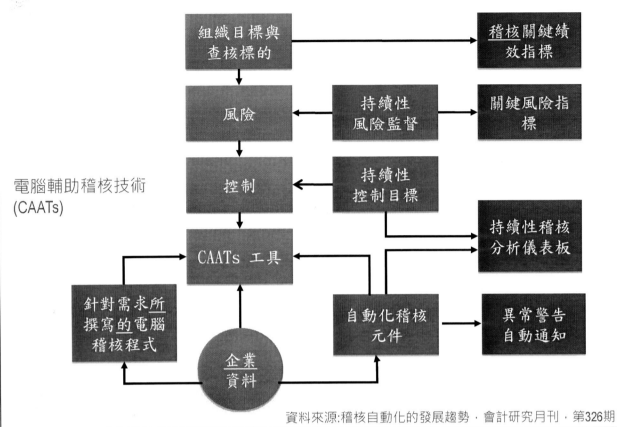

電腦輔助稽核技術
(CAATs)

AI智慧化稽核流程

~透過最新AI稽核技術建構內控三道防線的有效防禦，
協助內部稽核由事後稽核走向事前稽核~

電腦輔助稽核工作應用學習Road Map

資安科技　　　　　　　　永續發展　　　　　　　稽核法遵

國際網際網路稽核師　國際資料庫電腦稽核師　　國際ESG電腦稽核師　　國際ERP電腦稽核師　國際鑑識會計稽核師

國際電腦稽核軟體應用師

139

歡迎加入 ICAEA Line 群組
~免費取得更多電腦稽核 應用學習資訊~

「法遵科技」與「電腦稽核」專家

傑克商業自動化股份有限公司　台北市大同區長安西路180號3F之2(基泰商業大樓) 知識網:www.acl.com.tw
TEL:(02)2555-7886　　FAX:(02)2555-5426　　E-mail:acl@jacksoft.com.tw
JACKSOFT為經濟部能量登錄電腦稽核與GRC(治理、風險管理與法規遵循)專業輔導機構,服務品質有保障

140

參考文獻

1. 黃秀鳳，2023，JCAATs 資料分析與智能稽核，ISBN9789869895996

2. 黃士銘，2022，ACL 資料分析與電腦稽核教戰手冊(第八版)，全華圖書股份有限公司出版，ISBN 9786263281691

3. 黃士銘、嚴紀中、阮金聲等著(2013)，電腦稽核－理論與實務應用(第二版)，全華科技圖書股份有限公司出版。

4. 黃士銘、黃秀鳳、周玲儀，2013，海量資料時代，稽核資料倉儲建立與應用新挑戰，會計研究月刊，第 337 期，124-129 頁。

5. 黃士銘、周玲儀、黃秀鳳，2013，"稽核自動化的發展趨勢"，會計研究月刊，第 326 期。

6. 黃秀鳳，2011，JOIN 資料比對分析-查核未授權之假交易分析活動報導，稽核自動化第 013 期，ISSN:2075-0315。

7. 2011，GREENHOUSE GAS PROTOCOL，Corporate Value Chain (Scope 3) Accounting and Reporting Standard
https://ghgprotocol.org/sites/default/files/standards/Corporate-Value-Chain-Accounting-Reporing-Standard_041613_2.pdf

8. 2015，AICPA，Audit Data Standards
https://us.aicpa.org/interestareas/frc/assuranceadvisoryservices/auditdatastandards

9. 2016，FCPA Blog ，VW's $14.7 billion compliance failure: Deal announced to settle U.S. civil emission claims
https://fcpablog.com/2016/06/28/vws-147-billion-compliance-failure-deal-announced-to-settle/

10. 2018，BBC News，How VW tried to cover up the emissions scandal
https://www.bbc.com/news/business-44005844

11. 2019，行政院環境保護署，事業溫室氣體排放量資訊平台
https://ghgregistry.epa.gov.tw/ghg_rwd/Main/Tool/tool_1?Type=1

12. 2021 年 IIA 稽核軟體調查報告 (資料來源:Internal Audit Department of Tomorrow, IIA , Phil Leifermann, Shagen Ganason)

13. 2021，CLIMATE TRACE，公布最髒碳排源
https://climatetrace.org/map

14. 2022，中時電子報，歐洲大客戶 7 天 4 封追殺令「不減碳就砍單」台灣沒本錢躺平
https://www.chinatimes.com/realtimenews/20221119000005-260410?ctrack=mo_main_headl_p02&chdtv

15. 2022，臺灣研發管理經理人協會年度研討會，陳 O 賓，CBAM 碳邊境調整機制

16. 2022，臺灣研發管理經理人協會年度研討會，金屬工業研究發展中心，林 O 隆，國際碳成本與供應鏈壓力

17. 2022，CARBON CREDITS，Left Unchecked – The Carbon Price Goes to Infinity
https://carboncredits.com/eu-ets-carbon/

18. 2022，願景工程，每度電排碳 502 克 電太灰 台企開跑就輸了
https://visionproject.org.tw/story/6192

19. 2022，經濟日報，排碳係數高 輸在起跑點
https://udn.com/news/story/7238/6260153

20. 2022，歐盟碳邊境調整機制 背景說明與摘要
https://www.tfpa.org.tw/big5/decree/uploadfile/11100044/11100044-1.pdf

21. 2022，自由時報，用電約占全國 5.9% 台積狂挖綠電
https://ec.ltn.com.tw/article/paper/1499885

22. 2022，Diligent，Connect Risk, Compliance, Audit & ESG for Stronger Governance
https://www.diligent.com/#

23. 2021，Deloitte，FOCUS ON ACCESSIBILITY, AVAILABILITY AND TRANSPARENCY
OF ESG DATA IS ACCELERATING
https://www2.deloitte.com/content/dam/Deloitte/dk/Documents/Grabngo/ESG_Data_April2021.pdf

24. 2022，金管會，公司治理 3.0，五大推動主軸重點摘要

25. 2022，Dun & Bradstreet，數據與分析是公司 ESG 致勝關鍵
https://www.dnb.com.tw/Resources?categoryId=Trend

26. 2022，ESG 遠見，最新調查：全球 6 成企業坦承「漂綠」、7 成懷疑自家永續進展！
https://esg.gvm.com.tw/article/4596

27. 2022，關鍵評論，「漂綠」太誇張！哈佛報告揭歐洲企業社群媒體營造環保形象「攏是假」
https://www.thenewslens.com/article/173650

28. 2022，ICAEA，國際電腦稽核教育協會線上學習資源
https://www.icaea.net/English/Training/CAATs_Courses_Free_JCAATs.php

29. 2022，中央社，台灣遭點名最髒碳排源 經部：推動能源產業淨零轉型
https://www.cna.com.tw/news/afe/202211140171.aspx

30. 2022，環境資訊中心，中小企業碳盤查指引出爐 三步驟算出溫室氣體排放量
https://e-info.org.tw/node/234103

作者簡介

黃秀鳳 Sherry

現　　任

傑克商業自動化股份有限公司　總經理

ICAEA 國際電腦稽核教育協會　台灣分會　會長

台灣研發經理管理人協會　秘書長/臺北商業大學電腦審計　兼任講師

專業認證

國際 ERP 電腦稽核師(CEAP)

國際鑑識會計稽核師(CFAP)

國際內部稽核師(CIA)　全國第三名

中華民國內部稽核師

國際內控自評師(CCSA)

ISO 14067:2018 碳足跡標準主導稽核員

ISO27001 資訊安全主導稽核員

ICEAE 國際電腦稽核教育協會認證講師

ACL Certified Trainer

ACL 稽核分析師(ACDA)

學　　歷

大同大學事業經營研究所　碩士

主要經歷

超過 500 家企業電腦稽核或資訊專案導入經驗

中華民國內部稽核協會常務理事/專業發展委員會　主任委員

傑克公司　副總經理/專案經理

耐斯集團子公司　會計處長

光寶集團子公司　稽核副理

安侯建業會計師事務所　高等審計員

國家圖書館出版品預行編目(CIP)資料

運用 AI 協助 ESG 實踐 ： 以溫室氣體盤查與碳足跡
計算為例 / 黃秀鳳作. -- 1 版. -- 臺北市 ：
傑克商業自動化股份有限公司, 2022.12
面 ； 公分. --（AI 稽核軟體實務個案演練
系列）
ISBN 978-986-98959-8-9(平裝附影音光碟)

1.CST: 人工智慧 2.CST: 稽核 3.CST: 電腦軟
體 4.CST: 碳排放

312.83   111021498

運用 AI 協助 ESG 實踐-以溫室氣體盤查與碳足跡計算為例

作者 / 黃秀鳳

發行人 / 黃秀鳳

出版機關 / 傑克商業自動化股份有限公司

地址 / 台北市大同區長安西路 180 號 3 樓之 2

電話 / (02)2555-7886

網址 / www.jacksoft.com.tw

出版年月 / 2022 年 12 月

版次 / 1 版

ISBN / 978-986-98959-8-9